青海藏獒

青海人民出版社

西宁 2008.1

图书在版编目(CIP)数据

青海藏獒/吉狄马加主编. —西宁：青海人民出版社，
2008.1
ISBN 978-7-225-03130-9

Ⅰ.藏… Ⅱ.吉… Ⅲ.犬-图集 Ⅳ.S829.2-64

中国版本图书馆CIP数据核字（2008）第004625号

青海藏獒

吉狄马加　主编

出　版：青海人民出版社（西宁市同仁路10号）

发　行　邮政编码810001　总编室（0971）6143426
　　　　发行部（0971）6143516　6123221

印　刷：精一印刷（深圳）有限公司

经　销：新华书店

开　本：635mm x 965mm　1/16

印　张：8.75

字　数：5千

版　次：2008年1月第1版

印　次：2008年1月第1次印刷

印　数：1—2 000册

书　号：ISBN 978-7-225-03130-9

定　价：288.00元

《青海藏獒》画册编委会

编委会主任　　　　吉狄马加
编委会副主任　　　李　宁　张进京
编委会成员　　　　吉狄马加　李　宁　张进京
　　　　　　　　　刘贵有　班　果　魏　兴

主　　编　　吉狄马加
副　主　编　班　果
撰　　文　　葛建中　辛　茜
摄　　影　　周　艺　陈兴发　陈　浩

序

吉狄马加

我喜欢狗，没有别的原因，那是因为狗是人类最忠实的朋友。过去我曾经阅读过许多以狗的故事写成的小说，当然也看过许多以狗故事为题材的戏剧和电影。老实说在人和狗共同生活的世界中，人的忠诚和人的背叛似乎已经成为了这个现实世界最为真实的一部分，然而让我感到惊奇，同时又感到不足为奇的是，我从未目睹和听说有过一只狗对其主人和家园的背叛，难怪在这一点上，无论是东方人，还是西方人的意识里，他们都在自己的文化中，高度地评价了狗对人类的忠诚。无可讳言，过去我对狗的忠诚和献身精神曾写下过这样的诗句："当我们被这样一种爱震撼，忘记了自己和动物的区别，人啊，站在它们的面前，我们是多么的自卑！"

我第一次知道藏獒，是阅读藏民族的民间故事传说，在藏民族的心目中，藏獒就是活佛的坐骑，它是真正意义上的神犬。据说在众多的世界名犬中，只有藏獒是唯一不惧怕猛兽的犬种，同时它在宗教传说和世俗中又均占有重要的位置。我们知道，藏獒是举世公认的最古老的犬种之一，有些研究者甚至认为它们是世界上许多大型犬的祖先。鉴于藏獒在国际上的影响以及藏獒那高贵的品质，今天人类将义不容辞地肩负起保护藏獒的责任，使这种几千年来就生活在青藏高原的珍稀犬种免遭灭绝。同时还要为藏獒犬品系和标准的建立做出更大的努力。

我第一次看到真正的藏獒是在青海省玉树州的勒巴沟，这是一只在藏区已经声名显赫的獒，名字叫赤古。它头面广阔，头骨宽大，脖子周围鬃毛直立，特别是当它缓步周围的时候，在它身上你不仅能感到雄壮、威武、盛气凌人的气势，同时你能在瞬间得出这样一个结论：在藏獒世界中同样有着一个王者的世界。当然也就是在这个时候，我突然萌发了一个念头，就是要组织出版一本藏獒图册，以此举来表达对这种仅存于世的稀有犬种的敬意，同时也通过我们的行为再一次唤起人类的良知，为保护全球生物和文化的多样性而共同奋斗。

2008年1月15日于青海

（作者系当代著名诗人，青海省人民政府副省长，中国野生动物保护协会顾问）

在美丽苍茫，被称为人类最后一片净土的青藏高原上，深绿色的大地与湛蓝的天空之间，仍然没有芜杂的尘物，只有质朴的游牧民族和与他们的生活息息相关的河流、牛羊和帐篷。

有一种由喜玛拉雅古犬演变而成的高原犬种在经过了数次的地壳运动，历经了万般风雨的磨难之后，一直繁衍生息至今，并成为人类忠实的伙伴和朋友，成为青藏高原上牧人的得力助手和伙伴。藏獒由此与青藏大地紧密相伴。

原始藏獒主要生活在青藏高原海拔3000米以上的高寒地带以及中亚平原地区，在西藏、青海、四川、甘肃甚至新疆、蒙古、宁夏境内都发现过藏獒的踪迹。可以肯定，藏獒是世界上最古老的珍稀犬种之一，是世界上许多其他大型獒犬的祖先。虽然有关藏獒是如何起源如何传播至世界的问题，一直没有详实的历史记录和解释，但即便如此，历史仍然为藏獒保留了一个特殊的位置，并且被许多人认为是大部分现代已拓展的大型犬的基本型。

　　目前，世界上被公认的猛犬有高加索犬、中亚牧羊犬、纽芬兰犬等。藏獒排位于世界猛犬之首，是世界上惟一不怕猛兽的大型猛犬，敢于同狮虎，同豹子、熊和狼搏斗。在主人遇到危险时，它总是越战越勇，越咬越强，是惟一一种永远不会妥协的动物，它视死如归，即使狮子、虎豹也不能做到这一点。

青海藏獒

在草原上你可能会看到许多貌似凶猛的狗，但是一只真正的藏獒和一只普通的藏狗是有严格的区别的。《尔雅·释畜》中言："狗，四尺为獒"。在《说文》中译"浪"，即放浪不羁的犬为"獒"。

藏獒与藏狗虽然同族同源，血脉相同，然而形像却大不一样。在玉树地区的藏语中，藏獒被称为"匝古"，而藏狗则被称之为"布切"。在青海省海南藏族自治州等地藏獒又被称为"拉喔"，藏狗却被称为"拉切"。可以说，很早的时候，藏民族就已经将藏獒与藏狗区别开来了。

一般来说，辨别獒、狗的方法主要有这样几方面，首先，要看它的气质，"藏于骨而形于外"，是藏獒综合品相的表现，獒者睥睨旁物，不怒自威，极具王霸之气，野性未泯，凶猛胜兽；其次，讲的是头板，一只好的藏獒，獒头大而嘴方，嘴吊眼吊十分明显，公獒的嘴围从眼睛至嘴头中部量起有40厘米以上，因为惟其吊嘴才使得它的嘴头宽大厚方，而有别于藏狗。獒者脖须发育，其耳如桃，长垂过腮；第三，是骨量，比起一般的藏狗，藏獒的胸更宽，腿更粗，爪子也大，骨架匀称，比例均衡；第四，是身高，一般的公獒身高在70厘米以上，母獒在60厘米以上；第五，看的是皮毛，藏獒的毛色非常

漂亮，按稀有程度依次分为：豹斑、青色、金色、棕红、白色、黄色、麻黄色、黑色及黑黄色。前四种已经很难再见到，黑黄色品种是现存数量最多的品种，其主色为黑色，仅在吻部、眼眉、脚部及四肢内侧呈现黄斑，俗称铁包金。这诸多毛色品种都应共有一个特征，在胸口有一菱形白斑的"护胸毛"，而且越小越好；第六，考虑的是藏獒的尾形，藏獒的尾根高，尾大而侧卷至脊背，形如菊花；最后一条是看声嗓，藏獒吼声如雷，低音浑厚，穿透力极强。因此，判别一只藏獒，特别是一只优秀的藏獒，一定要从这几方面去综合评价和判断。

很多年以前，就听说过这种神秘猛犬的种种传说。传说都与高海拔的青海南部草原有关……

在帐篷如云的扎西科赛马会上、在人烟稀少的巴塘草原、上拉秀草原、下拉秀草原、文成公主庙旁、结古镇那弯曲深长的小街巷里，随时能见到毛发浓密、高大威武的藏獒。它们不像其他的狗那样，遇见生人就猖狂狂叫，而是仔细打量、观察着对方的一举一动，当目光与藏獒的目光相遇时，你一定会感到后脊梁发凉，希望自己身边有一群熟悉的人，而不是孤身一人陷入獒群。

■

那些在帐篷旁静卧、在羊群周围奔跑、在寺庙边游走的藏獒，个个如小牛犊般大，模样像狮子一样。而且大部分藏獒的脖颈上，都由主人给它们套上了用牛尾毛制成的火红的项圈，愈发显示出藏獒凛然不可侵犯的霸气。难怪闻名世界的意大利旅行家马可·波罗在他的游记中这样描述藏獒："（这种）狗有驴子那么大，极为强健而凶猛，可以猎取一切野兽，特别是猎取野牛。"

藏獒被人们称为"世界神犬"和"东方神犬",古时有哮天犬、苍猊犬之美誉,国外也叫西藏马士提夫犬(tibetan mastiff)。

由于身处青藏高原广阔的自由天地，有充分的活动空间，藏獒桀骜不驯的野性才得到了保留，藏獒强健的体魄不仅使它能在与猛兽的激烈搏斗中占据先机，而且使它能抵御恶劣的自然环境，任凭风霜严寒依旧卓然而立。在茫茫飞雪之中，凝固的白色荒原、死亡的威胁、生存的压力令生命显得尤为高贵。藏獒就是在这样的生存环境下，冷静而超然、艰难而又天真地抒写着自己辉煌的一生。

是上天赐予了藏獒强壮的身体和刚毅的心理承受能力，是严酷的高寒环境赋予了藏獒粗犷、剽悍的美，同时也给了它高贵、典雅、沉稳、勇敢的王者气质。也才使得我们还能在这样的时代有幸看到这没有被时间和环境改变的活化石。

　　藏獒有一个天性，那就是将第一个喂它食物的人认作一生惟一的主人，并且终身不悔。即使离开藏区移居异地，藏獒也会因为思乡心切，精神不振，至死眷念旧主，难以忘怀……

藏獒刚毅勇敢，充满领地意识，常人绝不敢靠近，在主人遇到危险的时候，却能为主人献出最后一滴血；

藏獒性情凶猛，力大沉稳，智商很高，判断力极强；

藏獒记忆力惊人，能对地震、雪崩等自然灾害事先预警；

藏獒头脑灵活，眼观六路，耳听八方，思维敏捷；

藏獒一生都为主人而战，精忠报主，英勇无畏；

藏獒从不嫌贫爱富，轻易离开自己的主人；

藏獒忍受着万般苦难，却无需人过多的关爱；

藏獒比人更忠诚、更有道义、更有责任感……

这一切的一切，足以使任何一个热爱藏獒的人怦然心动。

藏獒的起源与青藏高原严酷的自然环境密不可分。青藏高原平均海拔4000米，空气稀薄，昼夜温差大，雪线以上终年覆盖着白雪。独特的地理、气候不仅为野生动物的生存繁衍提供了辽阔的空间，熊、狼、豹、狐狸等各种凶猛野兽迅速繁衍，对牧民及放牧的牲畜也构成了严重威胁。这时的藏獒便顺其自然地承担起了保护牧人、看护牛羊的任务。

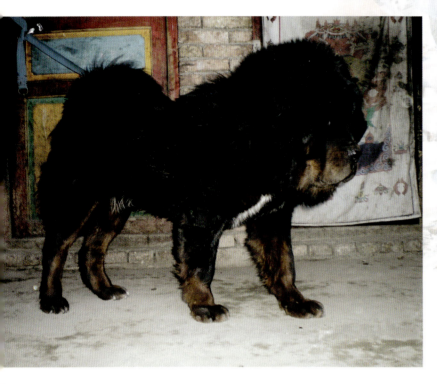

　　藏獒忠诚勇敢，力大威猛，雄风凛凛，能放牧照看牛羊，善解主人心意，能驱赶豺狼虎豹，翻越雪山高原，在牧人生活中具有重要地位，是牧民们的忠实伙伴。

　　从祁连山脉到昆仑山脉辽阔无垠的草原上，原始的风猎猎作响，传送着一个又一个古老的传说，这些故事有很多都与藏獒这神秘的猛犬有关。

位于三江源国家级自然保护区核心区的青海玉树地区是藏獒的原生地。这里雪
山巍峨、河流清澈，闻名中外的长江、黄河、澜沧江在此发源，著名的唐蕃古道蜿

蜒起伏，文成公主进藏的美好传说随处可闻，雪域宗教文化弥漫其间，民族风情绚丽多彩。千山万壑犹如巨龙伸展，巍巍雪山在阳光下闪烁着银光。

这里有藏羚羊飞驰的可可西里国家级自然保护区，有丹顶鹤翱翔的隆宝滩自然湿地国家级自然保护区，在这片富饶美丽、高远纯净的草原上，历史与现实在此交织，自然与人文辉映，形成了独具一格的藏族康巴文化。在茫茫无际的大草原上，天籁佛乐自众多寺庙轻轻荡漾，飘渺出弥漫山岚的袅袅香烟，也孕育和繁衍了庞大的中华神犬——藏獒家族。

全国闻名的很多藏獒，比如赤古、民保、大王子、小雄鹰、野狼、狮王、红豆等，其血统都源于青海，它们完全具备了性格凶猛，外形头大嘴方、吊嘴色艳、体高毛长的优点。这批藏獒不仅自身的品质比较优秀，还因为玉树州地处偏远，交通不便，当地的犬种较少，所以保留了较好的藏獒血统。这也是为什么现在青海省玉树藏族自治州被藏獒爱好者们视为寻访优质纯种藏獒的重要地点的缘故。

　　藏獒是杂食性动物，这与其发达的腭齿和极强的消化功能有关。因为有坚实的骨骼、较厚的毛皮和强劲的肌肉，使得藏獒在与猛兽的激烈搏斗中能居于上风，同时能抵御青藏高原寒冷恶劣的天气。藏獒每年发情繁殖一次，每胎产仔3～9只，相传有"九犬成一獒"的说法。

　　据考证，藏獒6000多年前被人类驯化，被认为是"世界上最古老、最稀有、最凶猛的大型犬种"。约在两千年前，它流落到希腊，后到罗马帝国，又由东欧的斯拉夫人传到欧洲各国，至今世界名犬的体内还保留着藏獒的遗传基因。

中科院动物研究所的王子清、孙丽华在一篇论文中曾经提及成吉思汗西征军队饲养藏獒的情况："成吉思汗远征亚述人、波斯人和欧洲时，曾征集大批西藏神獒服役军中，公元1241年远征军班师回朝，小部军队驻留欧洲，携带犬、马等也随军羁留疆场或流落异乡，使我国藏獒与当地犬种杂交。"并认定国外许多大型名犬，如马士提夫犬，大白熊犬，纽芬兰犬可能因此获得了藏獒的血统。

这是一只漂亮的金狮子獒，它浑身披满了金色的长毛，颈部粗大有力，四肢健壮匀称，前肢五趾尖利，后肢四趾有钩。身长约1米多，肩高约80厘米。见人突然造访，一时吼声如雷，金毛四散，骇得来人连连倒退。

■ _____

藏獒是极其聪慧的，如果它发现有生人进到牧人的帐房里，它会装出一副不在意的样子，斜视来者。但是这并不能说明它不在乎来者，实际上，它是在用目力悄悄地丈量来人的脚步，直到它认为可以一下子冲到来人的面前，才会猛冲过去，一口咬住对方的要害。因此，每遇客人到来，或送客人出门，主人首先要到门口拦狗。由于藏獒对主人忠贞不二，使野兽不敢袭击牧畜，盗贼不敢入室行窃。

■ _____

　　牧人养藏獒，除用于看家外，还当作牧犬使用。曾听到这样一件事：四条藏獒与两只企图袭击羊群的恶狼相遇。藏獒把恶狼团团围住，东撕一爪，西咬一口，使恶狼完全失去招架之力，不到两个小时，四条藏獒就将两只恶狼全部吃掉了。所以，在一般情况下，若有藏獒随牧，恶狼就不敢轻易对羊群下手。据牧人讲，有时狼在饿急了的情况下，也会不顾一切地与藏獒搏斗。每当这时，藏獒总是奋力迎击。狼由于长年生活在高山峡谷之中，动作比较灵敏。搏斗时，藏獒往前扑，它即往后躲；藏獒往左扑，它就往右闪。常常形成胶着状态，半天难分胜负。尽管藏獒在这种情况下显得笨拙，但总是处于主动进攻地位。直到斗得恶狼精疲力尽，夹着尾巴逃跑为止。

藏獒和狼是天生的敌人。在青藏高原，狼生存的条件之一就是偷吃牧民的牛羊，同时逃脱藏獒的追杀，而藏獒生存的理由就是要杀狼、吃狼、防范狼，保护牧民的牛羊。在一对一的厮杀中，藏獒是无敌的，但是，在自私、狡猾、残忍的群狼的攻击下，藏獒的英勇、顽强不仅显得尤为惨烈，而且显得异常的孤独。

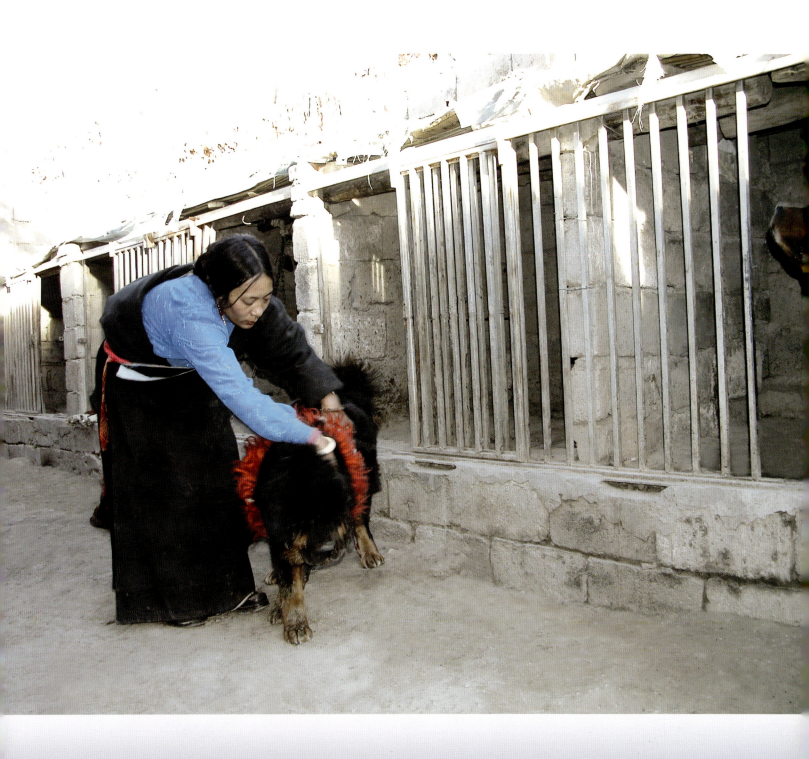

　　雪域民族长久地沉浸在个体面对无垠的大自然的生存状态之中。他们重自然、重感情，敬重生灵，不杀生，所以被驯服的藏獒便成为牧人家庭的一员，承担起保护主人，看护牛羊的重任。牧人们在心理上信赖它、依靠它，藏獒也对它的主人倾注了全部的感情和忠诚。

在青海牧区，藏獒似乎比我们更理解自然、更理解天人合一的至高境界，它和牧民的感情像小河里流淌着的水，那么舒心、那么和谐。在牧人家里，藏獒是家中的成员，可以和孩子一起提前享受美食，可以和牧人一起相拥而卧，当一个藏族姑娘骑着一匹马，在草原上放牧牛羊时，如果有一只藏獒相伴，姑娘才会觉得有安全感，家里的人也才会放下心来。

藏獒是绝对通人性的，它粗放的外表下，有着一颗真诚无畏的心，它不仅体贴和关怀主人的安危，感激和报答主人的抚养之恩，甚至还会察颜观色，揣摩主人的心思。藏獒不仅为牧人守护家园，而且还能给老人以安慰，给孩子以快乐。当人类当初俘虏和驯服了藏獒这勇敢而善良的兽类作为助手，作为朋友时，人类也许还未清醒地认识到，他们已经多了一种新的感官，新的力量。由于长期在草原上担负守卫的使命，藏獒是具有控制力，甚至是有涵养的，而且性格中有耐心、温顺的一面，并非人们想像的那样残暴，更不是一个杀手。

　　从某种意义上讲，藏獒代表着一种游牧文化，代表着一种人生哲学。藏獒的智慧是生存的智慧，是竞争的智慧，是强者的智慧，是成功的智慧。

　　海中龙王，鸟类鹰王，犬中獒王。

　　有人说：千金易得，一獒难求。

牧人家里养藏獒，主要是用于看家。藏獒看家的责任心特别强，远远看见生人，便一跃而起，狂吠着向你扑来，使你防不胜防，根本没有还击的余地。一旦被它咬住，即使用刀砍它的身子，它也死死不放。有时由于扑咬过猛，甚至连自己的下唇一块咬掉。其狠劲和猛劲，是其他种类的狗难以相比的。

在青海广大的草原牧区，尤其南部草原是藏獒最为集中的地区，藏獒已在这里生存、繁衍了数千年，与牧民和牛羊相依相惜。但随着人们对藏獒的日趋追逐，昔日藏獒生活的家园里，已经很难见到血统纯正的藏獒了。

据估算，目前全世界藏獒数量约30万头，但纯种藏獒却非常罕见。据不完全统计，纯种藏獒在美国不超过20只，中国台湾地区不超过10只，目前全世界经过鉴定的纯种藏獒只有300多只，纯种藏獒接近灭绝，而一只上等藏獒身价动辄数百万元。

因为野性和智慧，藏獒成了城市的宠物。但是它们怎么能够理解城市的复杂和无情。它们原本是忠诚于主人的，可是经过狗贩子的多次转手，它们已经不明白该对谁尽职尽责；藏獒是习惯于生活在高寒、缺氧的环境中，在城市，它们那在草原上能顺风闻出十几公里外主人气味的异常灵敏的嗅觉和听觉也已经失去了作用。这一切，对藏獒是一种灾难，也是人类的悲哀。

很多倒卖藏獒的人，每卖出去一只藏獒，内心都会增添一份沉重。

传说中，那些离开草原的喜马拉雅纯种獒，死的时候会流血。那是灵魂消失的征兆——它们拒绝来世。

这些年来，藏獒的生存问题已经引起了社会的广泛关注。藏獒自生自灭的状况也得到了初步的改善，而对于纯种藏獒的饲养繁殖也已得到了有关人士的重视，保护藏獒的呼声日益高涨，保护藏獒的活动也越来越多。

因为，藏獒的魂和游牧民族一样，在雪域高原每一丝飘摇的野草和草根之下，在怒吼的风雪和炽烈的阳光中，它们饮的是冰雪之水，吸的是清洁之空气。它们眼中的草地，就是它们的天堂。它们可以在零下40摄氏度的气温下安然入睡，却不愿意在温暖的花园里苟且偷生。它们生在高原，魂归高原，无怨无悔。它们生命的绝唱与归宿同样响彻天空。

高原上，藏獒的往事被风沙传唱，藏獒的精神被一代代游牧民倾心传承。许多年过去了，它的那一颗打不垮的自由无羁的心，也依旧在白云间游荡。

责任编辑　　星　亮

文字编辑　　辛　茜

责任印制　　董四德

装帧设计　　星　亮

藏文题字　　旦　果